Sunny Narayan
Aman Gupta

Uma introdução ao fenómeno da supercondutividade

Sunny Narayan
Aman Gupta

Uma introdução ao fenómeno da supercondutividade

ScienciaScripts

Imprint

Any brand names and product names mentioned in this book are subject to trademark, brand or patent protection and are trademarks or registered trademarks of their respective holders. The use of brand names, product names, common names, trade names, product descriptions etc. even without a particular marking in this work is in no way to be construed to mean that such names may be regarded as unrestricted in respect of trademark and brand protection legislation and could thus be used by anyone.

Cover image: www.ingimage.com

This book is a translation from the original published under ISBN 978-3-659-83149-2.

Publisher:
Sciencia Scripts
is a trademark of
Dodo Books Indian Ocean Ltd. and OmniScriptum S.R.L publishing group

120 High Road, East Finchley, London, N2 9ED, United Kingdom
Str. Armeneasca 28/1, office 1, Chisinau MD-2012, Republic of Moldova, Europe
Printed at: see last page
ISBN: 978-620-3-69499-4

Índice:

Capítulo 1

1. INTRODUÇÃO

Criogenia, estudo e utilização de materiais a temperaturas muito baixas. O limite superior das temperaturas criogénicas não foi acordado, mas o American National Institute of Standards and Technology sugeriu que o termo criogenia fosse aplicado a todas as temperaturas inferiores a -150° C. As temperaturas criogénicas são atingidas quer pela rápida evaporação de líquidos voláteis quer pela expansão de gases confinados inicialmente a pressões de 150 a 200 atmosferas.

Em 1908, Onnes descobriu a forma de liquidificar o hélio e de atingir temperaturas tão baixas como 4K. Em 1911, descobriu que abaixo de uma temperatura da ordem dos 4K, o Hg perde a resistividade. As suas descobertas levaram-no a perceber que se encontrava na presença de um novo estado da matéria sólida. Pôde estabelecer que quando um certo campo magnético que depende da temperatura, o campo crítico, Hc(T), era aplicado, as propriedades normais do metal eram recuperadas. Também uma corrente crítica, jc(T), podia ter o mesmo efeito. O novo fenómeno foi designado por supercondutividade. A supercondutividade é um estado dos metais abaixo de uma certa temperatura crítica [1]. Os semicondutores fortemente dopados podem tornar-se supercondutores, como o Ge ou o Si. Nem os metais nobres (Cu, Ag, Au) nem os alcalinos (Li, Na, K, Rb, Cs, Fr) apresentam uma transição de fase supercondutora, pelo menos acima de alguns milikelvins. Em geral, os bons condutores não são bons supercondutores (o que significa que não têm temperaturas críticas elevadas). O número de electrões condutores num metal é da ordem de 1022 por cm^3 . Num semicondutor à temperatura ambiente, este número é da ordem de 1015 e num semicondutor fortemente dopado este número (nas mesmas unidades) é de cerca de 1018. Os supercondutores são caracterizados em primeiro lugar pela sua temperatura crítica, Tc. Para os supercondutores convectivos, esta temperatura é muito baixa. A Tc mais elevada ($\sim 23K$) foi encontrada no Nb3Ge (um composto) que foi fabricado pela primeira vez em 1973.

Um supercondutor não é um condutor perfeito A primeira ideia que se pode ter é que um supercondutor, um material que perde toda a sua resistividade, é um condutor perfeito, ou seja, é um material com condutividade infinita. Usando a lei de Ohms, como a corrente é finita, o campo elétrico tem de ser zero. Utilizando as equações de Maxwell obtém-se ainda que a indução magnética tem de ser uma constante no tempo.

$B' = 0$, ou seja, B = constante

Esta conclusão tem implicações muito graves, pois significa efetivamente que o estado supercondutor não é um estado de equilíbrio, mas sim um estado metaestável. Para um tal estado, as leis da termodinâmica e da estatística não se aplicam. Vamos resumir brevemente como se pode chegar a esta conclusão, analisando duas experiências de pensamento. Primeira experiência (apenas são consideradas as grandezas). Tomemos um metal que se torna supercondutor abaixo de Tc, a temperatura crítica da transição de fase supercondutora. A amostra encontra-se primeiro a uma temperatura $T = T_1$ que é superior a Tc. Neste momento, um campo magnético, H_1, é ligado e induz uma indução magnética no material igual a, digamos, B_1, que é diferente de zero. A amostra está no estado normal, pois $T_1 >$ Tc. Resumimos a situação como $T = T_1 >$ Tc $H = H1 < Hc(T_2) \Rightarrow B(T_1) = B_{1/}= 0$

Numa segunda fase, a amostra é arrefecida até uma temperatura $T = T_2 < T_c$ (a amostra encontra-se no estado supercondutor) suficientemente baixa para que o campo crítico para essa temperatura seja superior a H1 e, por conseguinte, a amostra permaneça no estado supercondutor. De acordo com a relação acima, a indução magnética deve permanecer constante no estado supercondutor. Por essa razão, $B = B1$ (que é diferente de zero) à temperatura T_2 em que a amostra se encontra no estado supercondutor. Este segundo passo resume-se a $T = T_2 < T_c, H = H1 < H_c(T_2) \Rightarrow B = B(T_2) = B_{1/} = 0$.

Assim termina a primeira experiência. Segunda experiência. Vamos fazer essencialmente o mesmo, mas na ordem inversa. Assim, temos um metal a uma temperatura $T = T_1$ que é superior a Tc. Mas agora, não é aplicado nenhum campo, como se pode ver em $T = T_i > T_c$, $H = 0 \wedge B(T_i) = 0$.

Agora vamos arrefecer a amostra até ao estado supercondutor à mesma temperatura $T = T_2 < T_c$. A equação diz-nos que a indução magnética permanece constante e, portanto, neste caso $B(T_2) = 0, T = T_2 < T_c \ H = 0 = \wedge B(T_2) = const. = 0$

Agora, como passo final, ligamos o campo magnético para o mesmo valor $H1 < H_c(T_2)$. A amostra permanece no estado supercondutor e novamente por 1. Este campo magnético tem uma intensidade menor do que o campo magnético crítico em T_2. O significado desta condição será evidente no que se segue.

Finalmente, temos a seguinte situação $T = T_2 < T_c, H = H_I < H_c(T_2) = 0, \wedge B = 0$.

Assim, a conclusão é que se assumirmos que um supercondutor é um condutor perfeito, chegamos a uma situação em que a partir de um estado inicial idêntico, ou seja, um metal a $T = T_1 > T_c$, que queremos arrefecer até ao estado supercondutor e submeter a um campo magnético mais fraco do que o crítico, terminamos com dois valores diferentes para a indução magnética dependendo da forma como levamos a amostra ao estado final. Quando o estado final depende da "história", o estado final não é um estado de equilíbrio, mas sim um estado metaestável. Em 1933, descobriu-se que em todas as situações, independentemente da história da amostra, a indução magnética é excluída da amostra no estado supercondutor. Nesse ano, Meissner Ochsenfeld demonstrou que, em qualquer circunstância, a indução magnética num supercondutor é nula (efeito Meissner): $B = 0$

A supercondutividade é a física dos pares de Cooper. Um par de Cooper é um estado ligado de dois electrões. Os electrões repelem-se no vácuo mas, em determinadas circunstâncias, quando se encontram numa rede cristalina, podem atrair-se e formar um par de Cooper. Os electrões têm spins. O spin é um número (um número quântico) que caracteriza a resposta dos electrões a um campo magnético e, mais importante, caracteriza a forma como se comportam a temperaturas muito baixas, ou seja, a estatística. Os electrões têm spin, $S= 1/2$. São designados por férmions. Na verdade, qualquer partícula com um número de spin meio inteiro é chamada um férmion. Uma partícula com um spin inteiro (0, 1, 2,...) chama-se bosão. Os férmions e os bósons comportam-se de forma diferente a baixas temperaturas. Os electrões reagem de duas formas diferentes a um campo magnético. Em geral, um férmion reage de $2S+1$ maneiras diferentes a um campo magnético. Para os distinguir, falamos de electrões com spin up (ou $s=+1/2$) e com spin down (ou $s=-1/2$). Chamamos "pequeno s" à projeção do spin do eletrão, S. Os electrões a baixas temperaturas comportam-se de tal modo que cada estado eletrónico (uma solução da equação de Schrodinger, a principal equação da física quântica) é um estado de energia que se mantém em equilíbrio.

Mecânica), só pode ser ocupado por um eletrão. Isto também pode ser dito da seguinte forma: não são permitidos dois electrões no mesmo estado. Esta afirmação é designada por Princípio de Pauli. Pelo contrário, o número de bosões num determinado estado não é limitado.

Imagine uma escada e um número finito de pessoas (menor que o número de degraus da escada). Pretende-se que haja, no máximo, uma pessoa em cada degrau. Como a escada tem mais degraus do que pessoas, alguma pessoa estaria no degrau mais alto ocupado. Se quisesses que uma determinada pessoa subisse um degrau mantendo a regra de que, no máximo, uma pessoa está em cada degrau da escada, estarias em apuros. A razão é que o degrau acima de cada pessoa está ocupado e, portanto, ninguém se pode mover. No entanto, há uma exceção: a pessoa que está no degrau mais alto ocupado. Ela pode mover-se sem quebrar a regra "no máximo uma pessoa em cada degrau". Isto faz com que esta posição seja de particular interesse, uma vez que o mesmo acontece com os electrões, porque são férmions. Se quisermos dar energia a um eletrão para que ele "salte" para um nível energético superior, temos de ter cuidado porque nem sempre é possível. Mas também neste caso, existe um nível de energia ocupado mais elevado, chamado energia de Fermi,[2] F . Como o vetor momento cristalino se encontra num espaço tridimensional, basta que dois difiram em direção para representar um estado diferente. Por essa razão, estes estados são desenhados num espaço tridimensional e a energia de Fermi determina, na realidade, uma superfície no espaço de momento cristalino (que é o espaço recíproco do espaço real) chamada superfície de Fermi. Os electrões na superfície de Fermi podem aceitar energia do exterior (luz laser, por exemplo) para saltar para um estado mais energético, desde que esta seja suficiente para atingir o estado energético seguinte (para passar ao degrau seguinte das escadas é necessário subir uma altura mínima). Por essa razão, estes electrões são os mais activos quando o metal troca energia com uma fonte externa. A função de distribuição de Fermi, f(s, T), dá a probabilidade de, a uma determinada temperatura T, um estado de um férmion com energia, s, estar ocupado. A T = 0K, como já referimos, esta função é 1 para energias inferiores a sF , uma vez que todos os estados abaixo da energia de Fermi estão ocupados, e zero acima dela (todos desocupados). Para qualquer temperatura, a função de distribuição de Fermi é

$$f(\varepsilon, T) = \frac{1}{e^{\frac{\varepsilon - \varepsilon_F}{K_B T}} + 1}$$

No limite T -> 0, para s > sF , f(s, T) (Eq. 2.1) vai para 0 e para s < sF , vai para 1. Repare-se que quando T > 0K, aparece uma cauda de probabilidade acima de sF e portanto os férmions têm acesso a estados acima desta energia. A energias mais elevadas, esta cauda converge para a conhecida função de distribuição clássica de Boltzman.

Um par de Cooper é um estado ligado de dois electrões com energia na superfície de Fermi e spin e momento vetorial de sinal oposto. Os pares de Cooper podem ser formados a partir de electrões com spins paralelos (estado tripleto), mas vamos lidar com o caso muito comum de emparelhamento de singletos (spins antiparalelos ou spin de sinais opostos). Assim, um par de Cooper é um estado ligado de dois electrões, um no estado $(k,^2 k, f)$ e o outro no estado $(-k, 2k, j)$. Abaixo de uma determinada temperatura crítica, Tc, ocorre uma transição de fase para os electrões que podem viajar através do espaço formado pela disposição regular dos iões. Nesta nova fase, o estado supercondutor, eles se organizam em pares de Cooper. E as consequências disso são tremendas. Várias propriedades mudam e algumas delas têm aplicações tecnológicas muito interessantes.

Os iões na rede vibram em torno da sua posição de equilíbrio. Devido à sua interação mútua, não vibram de forma independente. Enquanto vibram em torno das suas posições de equilíbrio, constroem uma onda que se desloca ao longo da rede (ver Fig.1). A isto chama-se um estado vibracional da rede. Estas ondas são caracterizadas por um momento de onda, Q, e uma energia EQ. Na verdade, em geral, existem vários estados vibracionais permitidos num cristal. Eles diferem em energia e momento. Quando um eletrão interage com uma rede, a rede muda de um estado vibracional para outro. O eletrão recebe ou dá a diferença de energia e momento, entre os dois estados vibracionais, uma vez que ambas as quantidades têm de ser conservadas. A diferença de energia e de momento entre dois estados vibracionais chama-se um fão. Um fão tem, portanto, energia, sq, e momento, q.

Como não é exatamente uma partícula mas, dinamicamente (no sentido em que tem energia e momento), comporta-se como uma, chama-se quasipartícula. A questão que se coloca agora é se um fão pode fornecer a atração necessária para formar um par de Cooper. A resposta é sim, mas possivelmente isto só se aplica aos supercondutores convencionais. Na Fig.2.2, vemos uma representação cartográfica desta atração que nos ajuda a construir uma primeira imagem do que é um par de Cooper e como se forma. Um eletrão (digamos o eletrão 1) faz com que, através da sua atração de coulomb, os iões que o rodeiam (os que formam a rede) se desloquem ligeiramente para a sua posição. A isto chama-se uma polarização. Mas então a região à volta do eletrão 1 seria mais positiva do que é no equilíbrio, criando um potencial de atração para este local. Este potencial resulta numa atração do eletrão 2 que sente o potencial criado pelo eletrão 1. Como os electrões se deslocam na rede, o eletrão 1 não permanecerá muito tempo nesta posição, mas viajará ao longo da rede criando uma onda de polarização ao longo do seu percurso que será seguida pelo eletrão 2. Repare-se que, ao polarizar a rede, o eletrão 1 transmite-lhe alguma energia e impulso e o eletrão 2, ao acelerar-se no potencial que se forma durante um certo período de tempo em torno da posição 1, recupera esse impulso e essa energia.

Capítulo 2

2. APLICAÇÕES

Entre as muitas aplicações industriais importantes da criogenia está a produção em larga escala de oxigénio e azoto a partir do ar. O oxigénio pode ser utilizado de várias formas, por exemplo, em motores de foguetões, para tochas de corte e soldadura, para suportar a vida em veículos espaciais e de alto mar e para operações de alto-forno. O azoto é utilizado no fabrico de amoníaco para fertilizantes e na preparação de alimentos congelados, arrefecendo-os com rapidez suficiente para evitar a destruição dos tecidos celulares. Os fluidos criogénicos são utilizados para moer especiarias, uma vez que as tornam quebradiças quando entram em contacto com elas. A figura abaixo mostra as linhas gerais de uma instalação criogénica de moagem de especiarias;

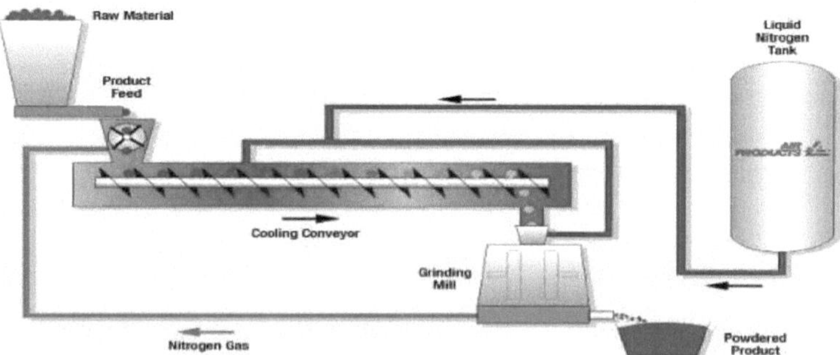

Fig. 1. Instalação de moagem criogénica

A cirurgia criogénica, ou criocirurgia, está a ser utilizada para o tratamento da doença de Parkinson, sendo a técnica baseada na destruição selectiva do tecido através do seu congelamento com uma pequena sonda criogénica. Uma técnica semelhante foi também utilizada para destruir tumores cerebrais e para deter o cancro do colo do útero.

Aplicações comerciais actuais

• Imagiologia por Ressonância Magnética (MRI)

• Ressonância magnética nuclear (RMN)

• Aceleradores de física de alta energia

• Reactores de fusão de plasma

• Separação magnética industrial de argila de caulino As principais aplicações comerciais da supercondutividade nos domínios do diagnóstico médico, da ciência e do processamento industrial acima enumerados envolvem todos materiais LTS e ímanes de campo relativamente elevado. De facto, sem a tecnologia de supercondutores, a maioria destas aplicações não seria viável. Foram também comercializadas várias aplicações de menor dimensão que utilizam materiais LTS, por exemplo, ímanes para investigação e Magneto-Encefalografia (MEG). Esta última baseia-se na tecnologia SQUID (Superconducting Quantum Interference Device) que detecta e mede os fracos campos magnéticos gerados pelo cérebro. Os únicos produtos comerciais substantivos que incorporam materiais HTS são filtros electrónicos utilizados em estações de base sem fios. Até à data, foram instaladas cerca de 10.000 unidades em redes sem fios em todo o mundo. Nas secções seguintes são apresentados mais pormenores sobre estas aplicações. Emergentes

Aplicações Os produtos baseados em supercondutores são extremamente amigos do ambiente em comparação com os seus homólogos convencionais. Não geram gases com efeito de estufa e são arrefecidos por nitrogénio líquido não inflamável (o nitrogénio compõe 80% da nossa atmosfera) em oposição aos refrigerantes de óleo convencionais que são inflamáveis e tóxicos. Além disso, são normalmente pelo menos 50% mais pequenas e mais leves do que as unidades convencionais equivalentes, o que se traduz em incentivos económicos. Estas vantagens deram origem ao desenvolvimento contínuo de muitas novas aplicações nos seguintes sectores: Energia eléctrica. Os supercondutores permitem uma variedade de aplicações para ajudar a nossa infraestrutura de energia eléctrica envelhecida e altamente sobrecarregada - por exemplo, em geradores, transformadores, cabos subterrâneos, condensadores síncronos e limitadores de corrente de defeito. A elevada densidade de potência e a eficiência eléctrica do fio supercondutor resultam em dispositivos e sistemas altamente compactos e potentes que são mais fiáveis, eficientes e benignos para o ambiente. Transportes. O movimento rápido e eficiente de pessoas e bens, por terra e por mar, coloca importantes desafios logísticos, ambientais, de utilização do solo e outros. Os supercondutores estão a permitir uma nova geração de tecnologias de transporte, incluindo sistemas de propulsão de navios, comboios levitados magneticamente e transformadores de tração ferroviária. Medicina. Os avanços no HTS prometem sistemas de imagiologia por ressonância magnética (MRI) mais compactos e menos dispendiosos, com capacidades de imagiologia superiores. Além disso, a magneto-encefalografia (MEG), a imagiologia por fontes magnéticas (MSI) e a magneto-cardiologia (MCG) permitem o diagnóstico não invasivo da funcionalidade do cérebro e do coração. Indústria. Os grandes motores de 1000 HP ou mais consomem 25% de toda a eletricidade produzida nos Estados Unidos. Constituem um alvo privilegiado para a utilização do HTS na redução substancial das perdas eléctricas. Ímanes potentes para a recuperação de águas, a purificação de materiais e o processamento industrial estão também em fase de demonstração. Comunicações. Durante a última década, os filtros HTS passaram a ser amplamente utilizados em sistemas de comunicações celulares. Melhoram as relações sinal-ruído, permitindo um serviço fiável com menos torres de telemóveis e mais espaçadas. À medida que o mundo passa das comunicações analógicas para todas as comunicações digitais, os chips LTS oferecem melhorias dramáticas de desempenho em muitas aplicações comerciais e militares. Investigação científica.

Utilizando materiais supercondutores, as actuais instalações de investigação científica de ponta estão a alargar as fronteiras do conhecimento humano - e a procurar descobertas que poderão conduzir a novas técnicas que vão desde a energia limpa e abundante da fusão nuclear até à computação a velocidades muito mais rápidas do que o limite teórico da tecnologia do silício. Questões e recomendações Os recentes progressos na supercondutividade seguem um padrão que marcou os anteriores desenvolvimentos em novos materiais - por exemplo, em transístores, semicondutores e fibras ópticas. O desenvolvimento de tecnologias baseadas em materiais implica um elevado risco e incerteza em comparação com inovações mais incrementais. Normalmente, são necessários 20 anos para passar novos materiais do laboratório para a arena comercial. No entanto, os produtos que utilizam novos materiais produzem frequentemente os benefícios mais dramáticos para a sociedade a longo prazo. Os longos prazos inerentes ao desenvolvimento da tecnologia HTS requerem um papel sustentado do governo, e as parcerias entre o governo e a indústria desempenham um papel fundamental neste processo.

Estas parcerias exigem um financiamento estável e consistente e uma tolerância ao risco. É necessário um planeamento cuidadoso para garantir progressos paralelos em domínios conexos, como a criogenia, a fim de assegurar uma ampla aceitação comercial das novas tecnologias LTS e HTS. Os potenciais clientes, como as empresas de eletricidade, exigem custos elevados.

Em todo o mundo, os sistemas de transporte actuais enfrentam uma crise crescente. Quase todas as tecnologias dominantes que proporcionam mobilidade atualmente - incluindo automóveis, comboios, navios e aviões - dependem esmagadoramente de combustíveis derivados do petróleo. No entanto, os preços mundiais do petróleo continuam a aumentar e as reservas de petróleo de baixo custo estão a diminuir. As sociedades modernas, que dependem de um elevado nível de mobilidade, enfrentam a perspetiva de custos mais elevados e, concomitantemente, de um crescimento económico mais lento, se não estiverem disponíveis novas soluções para assegurar a circulação de passageiros e mercadorias. Uma das respostas mais promissoras a este desafio reside na eletrificação dos transportes. A eletrificação permite alimentar muitos sistemas de transporte a partir da rede eléctrica interligada e a eficiência inerente aos sistemas de acionamento elétrico pode também resultar em poupanças de custos significativas.

Em muitos aspectos, a eletrificação dos transportes é uma história antiga. No final do século XIX, os sistemas de eléctricos proporcionaram literalmente o incentivo para eletrificar os bairros urbanos. Em meados do século XX, muitas nações desenvolvidas adoptaram comboios eléctricos de alta velocidade. No entanto, o surgimento do petróleo de baixo custo no início do século XX incentivou a migração dos sistemas baseados na rede para a adoção de alternativas que ofereciam maior comodidade e flexibilidade. No século XXI, a eletricidade está a ser encarada de novo como a base para alimentar os sistemas de transporte. Os factores que impulsionam o interesse pela eletrificação dos transportes incluem tanto as vantagens de desempenho dos sistemas eléctricos como o custo crescente e a escassez de petróleo. As inovações actuais estão a adaptar a tecnologia eléctrica de forma a combinar as vantagens dos sistemas de transporte autónomos com a limpeza, eficiência e conveniência 11 Supercondutividade: Aplicações actuais e futuras © 2009 CCAS : Coligação para a Aplicação Comercial de

Supercondutores da eletricidade. Exemplos proeminentes em terra das actuais inovações de mobilidade de ponta incluem carros híbridos recarregáveis e plug-in; comboios de alta velocidade levitados magneticamente; e comboios interurbanos com transformadores de tração mais eficientes. Todos estes sistemas de transporte podem ser alimentados por uma vasta gama de fontes de energia através da rede eléctrica. Entretanto, no mar, a propulsão dos navios também está a ser electrificada, empregando sistemas autónomos para a produção e fornecimento eficientes de energia a bordo de grandes navios. O papel da supercondutividade A supercondutividade oferece várias formas de aproveitar os benefícios da eletrificação em muitas destas aplicações de transporte. As tecnologias de supercondutores leves e de elevado desempenho podem tornar os sistemas de propulsão dos transportes mais potentes, mas mais pequenos e mais leves. As seguintes descrições explicam como a supercondutividade está a ser aplicada numa variedade de tecnologias de transporte para garantir que a sociedade continua a desfrutar da mobilidade num mundo com recursos limitados. Propulsão de navios marítimos HTS: Uma revolução no design de navios Nos últimos 20 anos, os designers de navios começaram a adotar sistemas de propulsão eléctrica. Esta mudança tem sido caracterizada como a mais importante alteração na conceção de navios desde a adoção dos motores diesel na década de 1920. Os sistemas de propulsão eléctrica permitem novas disposições mais flexíveis e uma integração mais eficiente dos sistemas de utilização de energia de um navio, uma vez que permitem que a mesma central eléctrica suporte a propulsão e outros requisitos.

Consequentemente, os navios podem ser redesenhados para proporcionar mais espaço sob o convés, seja para passageiros, carga ou, no caso de aplicações navais, armas e sistemas de armamento. Entre os grandes navios comerciais oceânicos, quase 100% dos novos navios são movidos a eletricidade, incluindo muitos grandes navios de cruzeiro como o Queen Mary 2. A propulsão eléctrica oferece outras vantagens para aplicações navais e, em 2000, a Marinha dos EUA anunciou que iria migrar para uma frota totalmente eléctrica. As grandes dimensões e o peso elevado dos motores e geradores de propulsão eléctrica convencionais à base de cobre têm constituído um obstáculo à adoção generalizada da propulsão eléctrica. Por estas razões, os supercondutores oferecem vantagens adicionais e importantes para os navios com propulsão eléctrica. Os motores e geradores HTS são muito mais pequenos e leves; os protótipos em funcionamento têm um terço do tamanho e do peso dos seus equivalentes convencionais com enrolamento de cobre e são mais silenciosos. A eliminação das perdas no rotor resulta numa eficiência muito mais elevada, especialmente em condições de carga parcial, em que muitos navios operam durante a maior parte das suas horas de funcionamento.

A maior eficiência dos supercondutores traduz-se numa maior autonomia de cruzeiro e numa maior economia de combustível. Conjuntos de motores mais pequenos podem também permitir que os navios eléctricos utilizem portos menos profundos e podem ser incorporados diretamente em conjuntos baseados em cápsulas orientáveis, resultando numa maior flexibilidade e numa melhor manobrabilidade. Motores de propulsão mais pequenos traduzem-se em navios de guerra que podem transportar armas mais potentes, como radares de combate de alta potência e mísseis adicionais. Estas vantagens suscitaram um interesse significativo por parte da Marinha dos EUA e de outras marinhas de todo o mundo. Para além das aplicações navais e de navios de cruzeiro, outras aplicações possíveis incluem muitos outros tipos de navios, incluindo navios-tanque de GNL, navios-tanque de produtos, ferries, navios de investigação, navios lança-cabos e quebra-gelos. Bobinas de desmagnetização HTS Outra nova demonstração das capacidades HTS está em curso, utilizando cabos HTS especialmente concebidos para substituir as bobinas de desmagnetização de cobre em navios militares. As vantagens de menor peso e dimensão, aliadas à elevada densidade de corrente, fazem dos cabos HTS uma solução ideal para a proteção de navios militares. Comboios levitados magneticamente Vários países da Europa e da Ásia dependem fortemente do transporte ferroviário para transportar um grande número de passageiros. Para rotas expressas de longo curso, o transporte ferroviário tem a vantagem sobre o transporte aéreo, pois normalmente opera a partir de um centro de transporte no centro da cidade. Os comboios levitados magneticamente, que empregam ímanes supercondutores, oferecem uma forma de fazer com que os comboios "voem" literalmente até ao seu destino, utilizando ímanes potentes para os fazer flutuar acima da sua guia ou via. Os comboios levitados magneticamente atingiram velocidades máximas superiores a 500 km/h. Alguns especialistas em transporte acreditam que o transporte maglev poderia revolucionar o transporte no século 21, da mesma forma que os aviões revolucionaram o transporte no século 20. Coligação para a Aplicação Comercial de Supercondutores Os ímanes supercondutores são essenciais para esta aplicação devido ao seu peso drasticamente mais leve e à menor necessidade de energia. Atualmente, as linhas de comboio maglev em funcionamento no Japão, Alemanha e China utilizam a tecnologia de supercondutores de baixa temperatura (LTS). No entanto, está em curso investigação sobre a aplicação de bobinas HTS em comboios maglev, o que poderá resultar em menores custos de arrefecimento e maior estabilidade.

Outras aplicações e ramificações do HTS Outros sistemas de transporte poderão, a prazo, ser alimentados por sistemas que utilizam fios supercondutores. No entanto, o foco destas inovações está nos grandes sistemas de transporte a granel e não nos automóveis individuais de passageiros, que são utilizados de forma intermitente. A adoção mais generalizada de automóveis híbridos plug-in resultaria num aumento da procura total na rede eléctrica interligada e é frequentemente referido que os automóveis híbridos plug-in poderiam fornecer uma função de nivelamento da carga e conduzir a taxas mais baixas e a uma utilização mais eficiente dos activos da rede. Se este conceito se tornar muito comum, conduzirá necessariamente a um aumento da procura total na rede eléctrica, exigindo actualizações da infraestrutura geral da rede. Em certos locais, especialmente em áreas urbanas densas, isto poderá exigir a utilização de tecnologias baseadas em supercondutores, a fim de garantir o fornecimento seguro e fiável de grandes quantidades de energia em áreas urbanas densas. A base: Avanços no fio HTS A base para as vantagens de desempenho destas tecnologias de transporte reside no fio supercondutor de alto desempenho. Os motores eléctricos de bordo que utilizam fios supercondutores podem gerar campos muito potentes numa pequena fração do volume e do peso dos motores com fios de cobre. Por outro lado, utilizam concepções convencionais e bem compreendidas, empregando o mesmo século de desenvolvimentos e aperfeiçoamentos que se aplicam a todos os motores eléctricos síncronos de corrente alternada. Da mesma forma, os comboios Maglev utilizam bobinas ultra-compactas de alto campo que seriam fisicamente impossíveis de construir, na ausência da propriedade milagrosa da supercondutividade. Com o abastecimento mundial de petróleo sob pressão crescente, há uma necessidade urgente de desenvolver soluções alternativas para garantir a existência de meios económicos para transportar pessoas e bens no mundo de amanhã. O fenómeno da supercondutividade, que tem encontrado utilizações em aplicações que vão desde a investigação e a medicina até à energia eléctrica, poderá desempenhar um papel fundamental para garantir que estas necessidades prementes possam ser satisfeitas.

Imagiologia sem radiação. A introdução da RMN no sistema de saúde resultou em benefícios substanciais. A RMN proporciona um enorme aumento da capacidade de diagnóstico, mostrando claramente as caraterísticas dos tecidos moles que não são visíveis através da imagiologia por raios X. Ao mesmo tempo, a RM pode frequentemente eliminar a necessidade de exames de raios X prejudiciais. Estas vantagens reduziram consideravelmente a necessidade de cirurgia exploratória. A disponibilidade de informações de diagnóstico e de localização muito precisas está a contribuir para a redução do nível de intervenção necessário, reduzindo a duração dos internamentos hospitalares e o grau de desconforto dos doentes. A ciência básica da imagem por ressonância é conhecida há muitos anos. O núcleo da maioria dos átomos comporta-se como um pequeno íman giratório. Quando sujeito a um campo magnético, tenta alinhar-se, mas o spin significa que, em vez disso, gira em torno da direção do campo com uma frequência caraterística proporcional à intensidade do campo. Quando é aplicado um impulso com a frequência de rádio exacta, parte da energia do impulso é absorvida pelo núcleo em rotação, sendo depois libertada alguns milissegundos mais tarde. Descobriu-se que o momento desta libertação de energia, ou relaxamento, depende criticamente do ambiente químico do átomo e, em particular, descobriu-se que é diferente entre tecidos saudáveis e doentes do corpo humano. Ligando e desligando rapidamente gradientes de campo magnético sobrepostos ao campo principal, é possível determinar informações de posição muito precisas a partir destes sinais. Os sinais são processados por um computador para produzir as imagens atualmente conhecidas do interior do corpo humano. Desde que as primeiras imagens de RMN foram feitas na década de 1970, a indústria cresceu para um volume de negócios de 2 mil milhões de dólares por ano. Atualmente, existem mais de 20.000 sistemas de RMN instalados em todo o mundo, e este número está a crescer 10% ao ano. Vantagens da supercondutividade. O coração do sistema de RMN é um íman supercondutor. Os valores de campo típicos necessários para a RMN não podem ser alcançados utilizando ímanes convencionais. Igualmente importante é o facto de a elevada homogeneidade e estabilidade do campo magnético serem essenciais para alcançar a resolução, precisão e velocidade necessárias para a obtenção de imagens clínicas económicas, e os supercondutores proporcionam uma solução única para estes requisitos. Expansão das aplicações da ressonância magnética. A Ressonância Magnética Funcional (RMF), uma extensão em rápido crescimento das técnicas de RM, utiliza uma sequência de imagens rápidas para estudar alterações dinâmicas, principalmente taxas de fluxo sanguíneo. Esta técnica provou ser uma ferramenta poderosa para obter imagens da ativação de regiões locais do cérebro. É utilizada para avaliar que áreas do cérebro são responsáveis por diferentes funções, como a fala, a compreensão, o movimento dos dedos das mãos e dos pés e a visão. Uma técnica ainda mais recente, a imagem de orientação por RM, é utilizada para ajudar os médicos durante a cirurgia a planear a abordagem e a localizar e remover tumores com maior precisão. Outra técnica nova, a espetroscopia por ressonância magnética, é utilizada numa base limitada para avaliar tumores cerebrais, doenças neurológicas e epilepsia. A espetroscopia fornece informações sobre a composição química e a atividade metabólica do tecido cerebral. Esta informação é utilizada para ajudar a fazer diagnósticos, monitorizar alterações e avaliar a atividade convulsiva. O futuro da RMN. O número de instalações de RMN em todo o mundo continua a crescer a um ritmo acelerado, proporcionando cada vez mais acesso a esta poderosa ferramenta. Os sistemas de RMN continuam a progredir em termos de velocidade e resolução, à medida que as tecnologias dos materiais supercondutores e dos ímanes supercondutores continuam a avançar. Novos e excitantes métodos que se baseiam na RMN estão a permitir novas ferramentas para o diagnóstico e o tratamento de doenças. É evidente que o apoio continuado à I&D no domínio dos materiais e ímanes supercondutores traz enormes benefícios potenciais.

A Ressonância Magnética Convencional, referida anteriormente, criou uma revolução nos procedimentos de imagiologia não invasivos e a técnica é utilizada em todo o mundo para muitos diagnósticos. A RMN é possibilitada pelos elevados campos magnéticos que só os ímanes supercondutores conseguem produzir. Continuam a verificar-se melhorias progressivas no desempenho e no custo desta tecnologia estabelecida, mas atualmente os investigadores estão também a desenvolver uma técnica complementar, a RMN de campo ultra-baixo. Nesta nova abordagem, em vez de um campo magnético elevado de um íman supercondutor, é utilizado um campo muito baixo - 10.000 vezes inferior. Este campo magnético baixo é produzido por ímanes simples, de baixo custo, fabricados com fio de cobre à temperatura ambiente. Para compensar a perda do campo magnético elevado, é necessária a sensibilidade extrema de um detetor supercondutor.

Este detetor, um "SQUID" (Superconducting Quantum Interference Device), permite as seguintes vantagens a baixo campo: - Custo do sistema significativamente mais baixo, o que poderá permitir que o novo sistema esteja muito mais disponível e seja utilizado como primeiro rastreio. - Em certos tecidos, por exemplo, nos tumores da mama e da próstata, a RM-FUL oferece um contraste significativamente melhor entre diferentes tipos de tecidos, o que conduz a diagnósticos mais definitivos. Estas duas vantagens combinam-se para fazer da RM-FUL um avanço importante com o objetivo de reduzir os custos dos cuidados de saúde, por um lado, e melhorar a capacidade de diagnóstico de certas doenças, por outro. O esforço está a avançar lentamente da investigação para a imagiologia in vivo; existe também a promessa de combinar a RM-FUL com a magnetoencefalografia (MEG). A RMN-FUL é muito mais "verde" do que a

RMN de alto campo, na medida em que consome muito menos energia eléctrica.

A mesma sensibilidade extrema dos SQUIDs que permite a RMN-FUL já permitiu o desenvolvimento e a utilização da magnetoencefalografia (MEG), por vezes designada por imagiologia de fontes magnéticas (MSI). Nestes sistemas, que estão disponíveis comercialmente, um conjunto de sensores SQUID detecta sinais magnéticos do cérebro de uma forma totalmente não invasiva. Um dos seus maiores sucessos tem sido o mapeamento pré-cirúrgico de - áreas cerebrais eloquentes (sensoriais, motoras, linguísticas, etc.). O conhecimento exato destas localizações garante que não são inadvertidamente removidas durante as cirurgias cerebrais. - tumores cerebrais, um procedimento que reduziu significativamente os danos colaterais no cérebro que podem acompanhar a remoção cirúrgica do tumor. - localização precisa e não invasiva no cérebro de fontes de crises epilépticas. Como resultado, a cirurgia para excisar a área defeituosa pode ser realizada com muito maior precisão, diminuindo significativamente o perigo de excisar tecido cerebral normal durante o procedimento e eliminando a necessidade de uma cirurgia pré-operatória potencialmente fatal para determinar a localização exacta da fonte de epilepsia. A utilização da MEG foi também alargada ao estudo de fetos em gestação (fMEG). Esta técnica tem o potencial de fornecer uma avaliação do estado neurológico do feto e de auxiliar os médicos durante gravidezes de alto risco e diagnósticos associados a infecções, insultos tóxicos, hipóxia, isquemia e hemorragia. Atualmente, não existem outras técnicas de avaliação não invasiva do estado cerebral do feto.

O principal desafio para uma implantação mais alargada dos sistemas MEG é o custo inicial do sistema e a grande base de dados necessária para demonstrar uma excelente correlação entre a MSI e a cirurgia subsequente. Este esforço envolve a instalação do sistema e a recolha de dados em hospitais de investigação, uma atividade que é atualmente pouco apoiada. A técnica de diagnóstico inicial atual é a eletroencefalografia (EEG) de baixo custo. A principal vantagem da MEG em relação à EEG é que a primeira não requer qualquer contacto com a pele do doente. No EEG, uma vez que as correntes eléctricas percorrem o caminho de menor resistência, a humidade no couro cabeludo do doente e as variações na espessura do crânio podem distorcer o mapeamento da fonte de epilepsia. Por outro lado, o campo magnético detectado no MEG passa sem distorções da fonte para os detectores SQUID no capacete usado pelo paciente. Uma vez que a interpretação da MSI requer inevitavelmente uma imagem de RM, a combinação da RM-FUL com a MSI num único sistema reduziria o custo dos procedimentos combinados e melhoraria a precisão do seu co-registo.

Os SQUIDs sensíveis são também a base da imagiologia funcional do coração em sistemas de magneto cardiografia (MCG ou MFI - imagem do campo magnético do coração). Os sistemas MCG detectam, de forma não invasiva e com uma precisão sem precedentes, os fluxos líquidos de correntes eléctricas cardíacas que accionam os músculos do coração. Em muitos locais clínicos em todo o mundo, tanto cientistas como médicos estão a validar de forma independente os benefícios da utilização de MCG para a deteção e diagnóstico de muitas formas de doença cardíaca, especialmente isquemia cardíaca e doença arterial coronária. A sensibilidade para a deteção de isquemia foi relatada como sendo de 100% em estudos recentes e, com tal precisão de diagnóstico, não é irracional prever que os sistemas MCG encontrarão uma casa não só em hospitais, e especialmente em departamentos de emergência, mas também em centros de imagiologia ambulatórios e clínicas de cardiologia, onde a avaliação rápida de pacientes com suspeita de um ataque cardíaco com risco de vida é absolutamente crítica para salvar vidas. Podem também ser projectados benefícios económicos significativos. Em comparação com a eletrocardiografia (EKG), a MCG tem uma série de vantagens distintas: - completamente não invasivo, não requerendo contacto do elétrodo com a pele. - fornece informações abrangentes sobre a atividade electrofisiológica do coração, incluindo a deteção de doenças das artérias coronárias. - a intensidade do sinal depende da distância entre o coração e o detetor, permitindo a medição exacta do MCG de um feto sem saturar o detetor com o sinal do coração da mãe (MCG fetal ou fMCG).

Embora existam sistemas comerciais, o desafio para a MCG, como no caso da MEG, é o desenvolvimento de uma base de dados suficientemente grande de correlações de diagnóstico clínico para convencer as seguradoras, como a

Medicare, dos benefícios económicos e de saúde da MCG. Por ser isenta de radiação e de riscos, a MCG pode ser utilizada frequentemente durante o acompanhamento de rotina após uma operação ou durante a reabilitação cardíaca. A eficácia de um regime de medicamentos pode ser monitorizada com a MCG ou mesmo a recorrência de bloqueios após o tratamento invasivo de uma artéria coronária. Com a segurança de uma leitura da tensão arterial e sendo equivalente ao poder de diagnóstico de um procedimento de imagiologia nuclear, a MCG deverá estar preparada para revolucionar os cuidados cardíacos. Questões e recomendações A necessidade mais premente na tentativa de concretizar todo o potencial destes avanços é o apoio à investigação médica destinada a correlacionar os dados recolhidos pela ULF-MRI, MEG e MCG com resultados clínicos reais. Como a pressão continua no sentido da redução dos custos dos cuidados de saúde, este é um exemplo em que o investimento no apoio à investigação

conduziria inevitavelmente a benefícios a longo prazo e a poupanças muito superiores ao custo inicial do desenvolvimento.

Capítulo 3

3. SUPERCONDUTIVIDADE:

Um fenómeno que ocorre em muitos condutores eléctricos, no qual os electrões responsáveis pela condução sofrem uma transição colectiva para um estado ordenado com muitas propriedades únicas e notáveis. Estas incluem o desaparecimento da resistência ao fluxo de corrente eléctrica, o aparecimento de um grande diamagnetismo e de outros efeitos magnéticos invulgares, a alteração substancial de muitas propriedades térmicas e a ocorrência de efeitos quânticos que, de outro modo, só seriam observáveis a nível atómico e subatómico. A supercondutividade foi descoberta por H. Kamerlingh Onnes, em Leiden, em 1911, enquanto estudava a dependência da temperatura da resistência eléctrica do mercúrio a poucos graus do zero absoluto.

Capítulo 4

4. OCORRÊNCIA DE SUPERCONDUTIVIDADE

Sabe-se que cerca de 29 elementos metálicos são supercondutores na sua forma normal e que outros 17 se tornam supercondutores sob pressão ou quando preparados sob a forma de películas finas. Normalmente, os metais ferromagnéticos ou antiferromagnéticos não são supercondutores. A presença de impurezas não magnéticas num supercondutor tem geralmente muito pouco efeito sobre a supercondutividade, mas a presença de átomos de impureza que têm momentos magnéticos localizados pode deprimir acentuadamente a temperatura de transição, mesmo em concentrações tão baixas como algumas partes por milhão. Os supercondutores são classificados em tipo I e tipo II.

A supercondutividade, nos materiais designados supercondutores de tipo I, é caracterizada por (1) uma condutividade eléctrica perfeita e (2) uma indução magnética interna $B = 0$ quando H (externo) não é zero (efeito Meissner). As correntes persistentes na superfície do espécime protegem o interior de H (externo). H paralelo à superfície de um provete é contínuo à superfície e diminui exponencialmente abaixo da superfície. A profundidade de penetração de H para espécimes perfeitos (química e mecanicamente) é da ordem de 531028 m. A profundidade de penetração é maior para ligas, espécimes com imperfeições na rede e todos os espécimes supercondutores perto das suas temperaturas de transição supercondutora Tc. A temperatura de transição normal para supercondutora Tc é também uma função de H (externa), bem como da corrente transportada pelo supercondutor

Numa classe de supercondutores conhecida como supercondutores de tipo II (incluindo todos os supercondutores de alta temperatura conhecidos), aparece uma quantidade extremamente pequena de resistividade a temperaturas não muito abaixo da transição supercondutora nominal quando é aplicada uma corrente eléctrica em conjunto com um forte campo magnético (que pode ser causado pela corrente eléctrica). Isto deve-se ao movimento de vórtices no superfluido eletrónico, que dissipa parte da energia transportada pela corrente. Se a corrente for suficientemente pequena, os vórtices ficam estacionários e a resistividade desaparece. A resistência devida a este efeito é ínfima quando comparada com a dos materiais não supercondutores, mas deve ser tida em conta em experiências sensíveis. A molécula esférica com 60 átomos de carbono (C_{60}), conhecida como buckyball, pode ser ligada a vários átomos alcalinos que contribuem com electrões para a condução. Variando o número de condutores no C_{60}, é possível aumentar o T_c para um valor máximo de 52 K (366°F).

Capítulo 5

5. A teoria BCS (nome dos seus criadores, Bardeen, Cooper e Schrieffer) explica a supercondutividade convencional, a capacidade de certos metais, a baixas temperaturas, conduzirem eletricidade sem resistência eléctrica. A teoria BCS vê a supercondutividade como um efeito mecânico quântico macroscópico. Propõe que os electrões com spin oposto podem emparelhar-se, formando ***pares de Cooper***. Em muitos supercondutores, a interação atractiva entre os electrões (necessária para o emparelhamento) é provocada indiretamente pela interação entre os electrões e a estrutura cristalina vibrante (os fónons). Em termos gerais, a imagem é a seguinte: um eletrão que se desloca através de um condutor atrai cargas positivas próximas na rede. Esta deformação da rede faz com que outro eletrão, com "spin" oposto, se desloque para a região de maior densidade de carga positiva. Os dois electrões são então mantidos juntos com uma certa energia de ligação. Se esta energia de ligação for superior à energia fornecida pelos pontapés dos átomos oscilantes no condutor (o que é verdade a baixas temperaturas), então o par de electrões manter-se-á unido e resistirá a todos os pontapés, não experimentando assim resistência.

A supercondutividade foi descoberta no diboreto de magnésio (MgB_2) em janeiro de 2001 no Japão. Este material pode ser uma boa alternativa para algumas das aplicações previstas para a supercondutividade de *alto* Tc, uma vez que este composto tem um T_c de 39 K (389°F), é relativamente fácil de fabricar e é constituído por apenas dois elementos.

Capítulo 6

6. CARACTERÍSTICAS DO MgB2

O MgB2 tem caraterísticas supercondutoras e caraterísticas de materiais LTS do tipo BCS, como evidenciado, por exemplo, pelo efeito isotópico bi-significativo, mas a sua temperatura crítica é duas vezes superior à dos supercondutores A15 Nb3Sn e Nb3Al atualmente utilizados. A importância do MgB2 reside na sua temperatura cristalina simples, na elevada corrente e temperatura críticas, no elevado comprimento de coerência e na transparência dos limites dos grãos ao fluxo de corrente. Para melhorar o fabrico de materiais técnicos utilizáveis, os valores Jc comunicados para o MgB2 são tão elevados como 10^6 A/cm2. A densidade de corrente crítica do MgB2 pristino diminui rapidamente com o aumento do campo magnético devido ao seu baixo campo crítico superior (Hc2) e à sua fraca força de fiação.

Para aumentar os valores de Jc2 do MgB2, é efectuada a dopagem de carbono ou Si-C. Os resultados sobre a solubilidade do carbono e os efeitos da dopagem de carbono em Tc são significativos. Ribeiro et al utilizaram Mg e B4C como precursores para sintetizar MgB2 dopado com carbono por centrifugação a 1200C durante 24 horas. Um estudo de difração de neutrões confirmou que a solubilidade mais provável do carbono no MgB2 varia até cerca de 10% de carbono em locais de boro, resultando numa grande queda no Tc. Recentemente, o MgB2 monocristalino dopado com carbono a alta pressão 5GPa

O MgB2 monocristalino dopado com carbono foi cultivado a alta pressão e a temperaturas de 1900-1950C, tendo-se verificado que a Tc pode ser ajustada através do ajuste da composição nominal do Mg(Bi-x Cx)2 com x variando de 0-0,15. O efeito da dopagem com carbono nas propriedades de fixação do fluxo é crucialmente importante.

Capítulo 7

7. FABRICAÇÃO DE Diboreto de MAGNÉSIO para este efeito, adoptamos

a via de reação em estado sólido

utilizando: 1. técnica de vácuo2. Método do tubo de ferro

Para fabricar pastilhas de MgB2 utilizamos a seguinte via de vácuo:

1. O magnésio puro e o boro em pó são misturados em proporção estequiométrica e

moídos cuidadosamente.

2. Este pó é colocado num molde e comprimido por uma pequena prensa hidráulica

até 10 toneladas.

3. O granulado é colocado num barco de cerâmica. Este barco de cerâmica é

colocado num forno para

2,5 horas a 850C em ambiente inerte de árgon.

4. No método do tubo de Fe, a pastilha é colocada no tubo de Fe, que é embutido

num barco de cerâmica e embalado no vácuo com um tubo de quartzo e sinterizado

num forno. A disposição acima referida é depois arrefecida em azoto líquido a 77K, o

que leva à fissuração do tubo de quartzo exterior.

5. As amostras de paletes de MgB2 obtidas acima são testadas numa máquina de

ensaio R-T.

Capítulo 8

8. PROCEDIMENTO DE ENSAIO R-T

1. As dimensões do granulado retangular acima obtido são medidas e

A pasta de prata dissolvida em acetona amílica é utilizada para estabelecer contacto.

2. A crio-sonda é inserida na câmara de vácuo da máquina.

3. As bombas rotativas são ligadas e criam um vácuo da ordem de 10^{-3} bar, que é

ainda aumentado pela bomba de difusão (10^{-6} bar).

4. As leituras de corrente e tensão são registadas a partir de um medidor de tensão

digital e de um medidor de corrente, através dos quais podemos encontrar a

resistência e, consequentemente, a resistividade do material.

5. As temperaturas são variadas para encontrar a resistência a várias temperaturas,

tanto para leituras ascendentes como descendentes, podendo assim ser apresentada

uma variação gráfica.

6. Enquanto a temperatura diminui simultaneamente, a tensão flutua até a

temperatura de transição do MgB2 ser atingida a 39K, onde ocorre a

supercondutividade, e a tensão torna-se quase constante até à temperatura crítica,

após a qual a supercondutividade é destruída.

Temperatura em K	Tensão em mv
22	0.08031
23	0.0781
25	0.07932
29	0.07585
34	0.07596

35	0.07544
36	0.07495
37	0.07451
38	0.07411
39	0.07321
43	0.07128
47	0.06897
51	0.06723

Tabela 1: Variação da temperatura e da tensão na palete de diboreto de magnésio.

Capítulo 9

9. FABRICAÇÃO DE Nb3Sn

Os melhores supercondutores intermetálicos baseiam-se em compostos ricos em nióbio com elementos do grupo 3B e 4B, por exemplo, Nb3Al, Nb3Sn. Trata-se de materiais isotrópicos em que os electrões de condução viajam numa banda eletrónica constituída por estados Nb -d. A natureza da relação entre as propriedades únicas do composto intermetálico A15 e a estrutura cristalográfica foi apontada pela primeira vez por Weger. A estrutura A15 distingue-se de outras fases intermetálicas no diagrama de fases Nb-Sn, por ter três famílias distintas de átomos de Nb dispostos em cadeia paralela aos eixos [100] ,[010] ,[001]. O volume atómico dos átomos de metais de transição, como o Nb, é menor do que o dos átomos de metais de não transição, como o Sn, sendo assim um fator mais decisivo para determinar as propriedades dos materiais. Existem 3 estados intermetálicos:

Nb3Sn (Tc=18,2K), Nb6Sn5 (Tc=2,8K), NbSn2 (Tc=2,6K).

Ao contrário do Nb-Ti, o Nb3-Sn é um composto intermetálico frágil. A síntese deste composto através da reação em fase gasosa nos substratos metálicos parece ser viável, uma vez que tanto o Nb como o Sn podem ser obtidos por redução de hidrogénio dos seus cloretos gasosos a uma temperatura muito inferior a 1000C:

$3NbCl4$ (g) $+SnCl2$ (g) $+7H2$ (g) $^\wedge Nb_3$ Sn(s) $+14HCl$ (g)

O condutor Nb3Sn revestido por imersão foi desenvolvido através da passagem da fita de 20 U m de espessura ligada ao Nb através do banho de bronze líquido no vácuo, seguido de difusão isotérmica de Sn para fitas de Nb de ambos os lados, permitindo a formação da fase Nb3Sn. Este processo de difusão sólido-líquido permitiu a formação de outras fases intermetálicas, tais como Nb6Sn5, NbSn2, mas apenas na zona de grão claro. Os condutores supercondutores de Nb3Sn são classificados em: Bronze, Estanho interno e Pó em tubo.

Em todos estes casos, a formação de Nb3Sn tem lugar na presença de cobre, o que ajuda a obter uma estrutura de grão fino a uma temperatura tão baixa como 450C. O progresso atual nos condutores de Nb3Sn de alta corrente através do processo interno de estanho e pó em tubo é notável. A densidade de corrente está a atingir valores próximos de $3000A/mm^2$. O aumento da corrente de transporte através do aumento da secção transversal da camada de Nb3Sn é um caminho óbvio para continuar o desenvolvimento dos condutores A1 5.

Capítulo 10

10. DESENVOLVIMENTO DE 7 ÍMÃS SUPERCONDUTORES TESLA A NPL desenvolveu uma série de ímanes supercondutores utilizando a tecnologia Nb-Ti. Estes ímanes são enrolados em secções simples e em secções múltiplas. Os condutores utilizados foram Cu/Nb-Ti com rácio Cu: Sc variando de 1,5 a 2, os ímanes SC têm as seguintes partes vitais

1. Bobinas magnéticas SC

A bobina foi enrolada num formador SS 304 em duas secções com a secção exterior sobre a interior. O diâmetro do enrolamento da secção interior foi de 56,6 mm com um comprimento de enrolamento de 185 mm: Esta secção é constituída por 22 camadas com cerca de 247 voltas em cada camada e um comprimento total de 1,3 km de fio, tendo sido utilizado tecido de fibra de vidro como isolamento entre camadas.

o interior com um condutor MF Cu/NbTi de 0,54 mm de diâmetro com Cu
É constituída por 24 camadas com ~342 voltas em cada camada com 2,8 km de fio.

O diâmetro exterior do enrolamento foi de 122 mm. A bobina após o enrolamento foi revestida com fio SS 304. Os terminais de corrente foram ligados a terminais de Cu e foram fornecidas resistências de derivação para cada secção do íman para descarregar as energias da bobina nestas resistências.

Os condutores de corrente são fios múltiplos de Cu e SC NbTi e arrefecidos a vapor.

Os condutores de corrente na parte superior do crióstato (zona do pescoço) são concebidos de forma a passarem por um tubo de SS de paredes finas, em que o gás hélio frio é obrigado a passar pelos condutores, levando o calor que conduz pelos condutores de corrente.

2. CRYOSTAT

Trata-se de um crióstato de He líquido super isolado de parede dupla, com um diâmetro cilíndrico reto de 164 mm e uma capacidade de 25 L, com um recipiente de He interno. O recipiente interno foi envolvido com várias camadas de super isolamento (Mylar aluminizado e rede de nylon).

Foi então colocado no recipiente exterior e o conjunto completo foi soldado com arco de árgon. O crióstato foi evacuado através da porta de vácuo até ao vácuo bruto (0,01 mbar) e lavado com azoto seco e repetido 2-3 vezes. Em seguida, o crióstato foi ligado a um sistema de alto vácuo (com um conjunto de armadilha de azoto líquido e bomba de difusão) e evacuado. Depois de se obter um vácuo da ordem de 10^{-6} , selamos o crióstato.

No topo, é montado um cilindro de aço inoxidável com duas flanges de extremidade, um orifício de recuperação de He e uma válvula de segurança, e incorporado no sistema de suporte (indicador do nível de enchimento de He líquido e tirantes). Três tirantes (combinação de tubos e varetas em SS) sobem até ao íman. O sensor de nível de He líquido e as placas deflectoras 5SS (que actuam como proteção contra a radiação) e as resistências de descarga.

3. ENSAIO DO ÍMAN

O sistema magnético está alojado no crióstato e é pré-refrigerado com N_2 líquido. O magneto foi completamente mergulhado em N2 líquido durante uma noite e depois bombeado sobre a superfície do azoto durante alguns minutos para baixar a temperatura. O LN_2 foi então retirado e lavado com gás He puro. O sistema foi então arrefecido com He líquido. Deixou-se estabilizar durante 6 horas e o crióstato foi novamente enchido com He líquido até 70% da sua capacidade. O campo magnético foi medido com uma sonda Hall e a corrente foi então reduzida a zero. Desta forma, o íman foi carregado até valores de corrente mais elevados, diminuindo gradualmente a taxa de rampa e fazendo com que a corrente descesse inicialmente a zero e depois a um valor intermédio adequado de cada vez.

Foi observado um campo de 7 tesla a 24,7A. A corrente foi interrompida neste valor para verificação da homogeneidade do campo.

Capítulo 11

Fig 2. Ímanes supercondutores de 11 Tesla

CONSTRUÇÃO DE ÍMANES

1. **Bobina exterior de NbTi**: Esta bobina tem um furo de 104mm de SS 304. A secção interior tem um diâmetro de enrolamento de 110,6 com um comprimento de enrolamento de 220 mm.

É enrolado com um condutor multifilamento Cu/NbTi de 0,75 mm de diâmetro sob a forma de 220 camadas com 294 voltas em cada camada, pelo que foi utilizado um comprimento total de aproximadamente 2,65 km. A secção exterior foi enrolada diretamente na interior com um condutor multifilamento Cu/NbTi de 54 mm de diâmetro. O enrolamento exterior tem um diâmetro de 181 mm. 181 mm e a bobina após o enrolamento foi revestida com reforços de teflon SS 304.Teflon para suportar a bobina contra tensões. O pino de corrente para soldar os terminais finais do enrolamento (feito de Cu) tinha ranhuras helicoidais. O comprimento longo dos fios dos terminais finais foi enrolado nestes sulcos helicoidais e soldado suavemente para proporcionar uma baixa resistência aos contactos eléctricos.

2. BOBINA INTERNA

A placa de extremidade e a bobina foram feitas de SS 304 com diâmetro interno de enrolamento de 56,6 mm e comprimento de enrolamento de 170 mm. A bobina foi enrolada usando a "técnica de vento e reação". A bobina foi tratada termicamente a 570C por 120 horas e 700C por 80 horas em forno de inserção de atmosfera de argônio.

Os terminais da bobina interna foram soldados suavemente em pinos de cobre que os ligam ao condutor de corrente.

3. MONTAGEM DO SISTEMA MAGNÉTICO

A bobina de inserção Nb_3Sn foi colocada na bobina exterior. O conjunto do íman foi suspenso da placa superior por um sistema de suspensão com um escudo anti-radiação. A linha cheia de hélio líquido foi então colocada no crióstato de forma a que o hélio líquido chegue até ao fundo do crióstato. Todo o conjunto é então inserido e depois fixado.

Capítulo 12

12. Liquefação de N2 em unidade de liquefação utilizando o ciclo Stirling

O processo de liquefação é realizado com a combinação das seguintes secções:

1. **Secção de compressão** - Nesta secção, o ar é aspirado do ambiente e é comprimido a 9 bar. O gás comprimido e arrefecido expande-se agora através de um orifício estreito que o arrefece ainda mais, sendo este processo designado por efeito Joule Thomson.

2. **Tanque de gás-**.Em seguida, o ar comprimido é enviado para o tanque de gás. A capacidade do tanque é de 750Lt/hr.

3. **Secção de purificação** - Nesta câmara, o ar comprimido passa através da câmara de purificação, onde o gás N2 é adsorvido no Carbono Molecular Shied (CMS) e os restantes gases são deixados de fora. Nesta câmara, a gama de pressão é de 0-11 bar.

4. **Tanque de armazenamento de gás nitrogénio** - tanque onde é mantido o N2 separado do gás ambiental.

5. **Criogerador** - É um dispositivo para produzir refrigeração a Temp. Walker apresentou uma tabela de classificação dos criogeradores que produzem refrigeração criogénica por compressão e expansão de gás, incluindo a liquefação de gases a baixa temperatura. Este ciclo envolve a compressão e expansão alternadas de uma quantidade fixa de gás hélio ou hidrogénio de elevada pureza num circuito fechado através da ação de um regenerador. Este gás de trabalho é progressivamente pré-arrefecido antes da expansão. O calor da compressão é continuamente removido pela água de arrefecimento no regenerador.

6. **Depósito de armazenamento de azoto líquido** - Neste depósito é armazenado o

azoto liquefeito que é produzido no criogerador. Existem vários tipos de isolamento que podem ser utilizados no espaço entre as paredes do depósito de armazenamento de parede dupla, como: Espuma expandida, material fibroso e de potência preenchido com gás, material fibroso e pó aspirado isolado, isolamento multicamada.

O azoto é armazenado numa cuba de armazenamento de azoto de alta qualidade, com capacidade até 200L e isolamento multicamada

BIBLIOGRAFIA

- **BCS:** cúbico centrado no corpo, um tipo de estrutura em sólidos cristalinos

- **Ciclo de Stirling:** um ciclo termodinâmico constituído por dois processos a volume constante e dois processos a pressão constante

- **Temperatura crítica:** temperatura à qual a substância apresenta supercondutividade

- **LTS:** Supercondutor de baixa temperatura

- **Jc**: densidade de corrente crítica
- **Tesla:** Uma unidade de densidade de fluxo magnético igual a um weber por metro quadrado

- **Mecânica quântica:** O ramo da física quântica que explica a matéria ao nível atómico; uma extensão da mecânica estatística baseada na teoria quântica (especialmente o princípio de exclusão de Pauli)

- **Ferromagnéticos:** materiais como o ferro (níquel ou cobalto) que ficam magnetizados num campo magnético e mantêm o seu magnetismo quando o campo é removido

- **Antiferromagnetismo:** fenómeno em que um campo magnético cria spins paralelos mas opostos; varia com a temperatura.

REFERÊNCIAS

- **Laboratório Nacional de Física: Journal of cryogenics,** junho de 2006

- **Periódicos NPL**

- **Revista indiana de transferência de calor e massa**, edição de 2001

- **Manual de Mark para engenheiros mecânicos**

Printed by Books on Demand GmbH, Norderstedt / Germany